全新知识大揭秘

能源与环境

李方正◎编写

U0321707

吉林出版集团股份有限公司
全国百佳图书出版单位

图书在版编目（CIP）数据

能源与环境 / 李方正编. —— 长春：吉林出版集团
股份有限公司, 2019.11（2023.7重印）
（全新知识大揭秘）
ISBN 978-7-5581-6281-7

Ⅰ.①能… Ⅱ.①李… Ⅲ.①能源利用－关系－环境
保护－少儿读物 Ⅳ.①TK01-49②X-49

中国版本图书馆CIP数据核字（2019）第003245号

能源与环境
NENGYUAN YU HUANJING

编　　写	李方正
策　　划	曹　恒
责任编辑	李　娇　黄　群
封面设计	吕宜昌
开　　本	710mm×1000mm　1/16
字　　数	100千
印　　张	10
版　　次	2019年12月第1版
印　　次	2023年7月第3次印刷
出　　版	吉林出版集团股份有限公司
发　　行	吉林出版集团股份有限公司
地　　址	吉林省长春市福祉大路5788号
	邮编：130000
电　　话	0431-81629968
邮　　箱	11915286@qq.com
印　　刷	三河市金兆印刷装订有限公司
书　　号	ISBN 978-7-5581-6281-7
定　　价	45.80元

版权所有　翻印必究

人类文明进化的历史，始终是伴随着能源利用领域的开拓，以及能源转换方式的发展而前进的。一次次新的能源转换方式的出现，犹如一级级人类进步的阶梯。今天我们运用已有的能源知识，研究能源，发展能源，其意义是十分深远的。

当今的能源按不同标准有不同的分类，如一次能源与二次能源，常规能源与新能源，再生能源和非再生能源及其他能源分类。

一次能源是在自然界中现成存在的能源，也就是从自然界直接取得、不改变其基本形态的能源，如煤炭、石油、天然气、水力、核燃料、太阳能、生物质能、海洋能、风能、地热能等。世界各国的能源产量和消费量，一般均指一次能源。

二次能源是一次能源经过加工，转换成另一种形态的能源。主要有电力、焦炭、煤气、蒸汽、热水，以及汽油、煤油、柴油、重油等石油制品。一次能源无论经过几次转换所得到的另一种能源，都称为二次能源。

常规能源是在当前的利用条件和科技水平下，已被人们广泛使用，而且利用技术又比较成熟的能源，如煤炭、石油、天然气、水能、核裂变能，都称为常规能源。

新能源是目前还没有被大规模使用，但已经开始或即将被人们推广利用的一次能源，如太阳能、风能、海洋能、沼气、氢能、地热、核聚变能等。

再生能源就是能够循环使用、不断得到补充的一次能源，如水能、太阳能、生物质能、风能、海洋热能、潮汐能。

非再生能源是指经过开发使用之后，不能重复再生的自然能源，也就是在短期内无法恢复的一次能源，又叫不可更新能源或消耗性能源，如煤炭、石油、天然气、油页岩和核燃料铀、钍等。

燃料能源和非燃料能源是按使用情况分类的。燃料能源包括矿物燃料、生物燃料、化工燃料、核燃料；非燃料能源种类也很多，包括风能、水能、潮汐能、海流和波浪动能等。

含能体能源和过程性能源是从能源的储存和输送的性质考虑分类的。凡是包含着能量的物体，都叫作含能体能源，它们可以被直接储存和输送，各种燃料能源和地热能都是含能体能源。过程性能源是指在运动过程中产生能量的能源，它们无法被人们直接储存和输送，如风、流水、海流、潮汐、波浪等能源。

MULU 目录

目录 MULU

MULU 目录

目 录 MULU

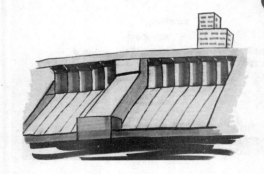

第一章
煤炭、石油
和天然气

碳氢化石燃料包括煤炭、石油和天然气等。第一次工业革命以后，煤炭占人类耗能的 50% 以上，直到 20 世纪 50 年代中期之后，石油和天然气才成为能源中的宠儿，并取代了煤炭。

全球性地大规模使用石油，是从 20 世纪 30 年代开始的，而天然气的使用则始于 20 世纪 60 年代，而且发展得很快。

煤炭是个宝

煤是能源，燃烧时放出来的热量很高。1千克煤完全燃烧释放出的热量，如果全部加以利用，可以使70千克冰冻的水烧到沸腾。在矿物燃料中只有石油和天然气比得过它。

在火力发电厂里，电是靠燃烧煤生产出来的：煤把锅炉里的水烧成蒸汽，蒸汽推动汽轮机，汽轮机带动发电机，发电机就发出电来。在这里，煤的热能变成电能，供人们在生活和工业中利用。

炼铁事业的发展是同采煤事业的发展分不开的。过去，冶炼1吨生铁，往往需要400～600千克焦炭，而焦炭正是由煤炼成的。焦炭不仅是炼铁的燃料，而且也是炼铁的原料——还原剂。甚至生产铁合金、铸铁件、碳化物以及冶炼其他有色金属，也要直接或间接使用煤做燃料或原料。

　　煤可以说浑身是宝，甚至连它燃烧时产生的废气，烧过后的煤灰、煤渣都有用处。烧煤时烟囱里冒出的黑烟，因含二氧化硫和烟尘，若飘浮在空中，会引起人们呼吸道和肺部疾病，损害人体健康。现如今，把煤烟收集起来，生产优质硫酸，既能避免有毒气体污染空气，又可以综合利用资源，增产节约，一举两得。

　　正如列宁所说的那样，从第一次工业革命到 20 世纪 50 年代以前（大量采掘石油以前），"煤炭是工业的真正食粮，离开这个食粮，任何工业都将停顿"。

煤炭的形成和分布

在距今 3.5 亿年到距今 2.7 亿年，地质时期为中生代的石炭纪、二叠纪，以至侏罗纪时期，全球气候温暖潮湿，特别是北半球，更是气候温和、多雨湿润，有利于植物的生长和繁殖。一片一片的大森林彼此相连，参天的芦木、鳞木，各种针叶树、阔叶树和其他树种，长年生长在湖沼、平原和丘陵地带，一些老龄树死亡倒地，与泥沙堆积在一起，时间长了，越堆越厚，这时地壳缓慢下降，森林继续保持着生命活力，倒树和泥沙则继续沉积。这样，经过数万年、数十万年的堆积和地壳运动，埋在地下的树木在与空气隔离的情况下，发生碳化，就形成含碳量很高的煤层了。

埋在地下的树木能变成煤，除与空气隔离，形成缺氧的还原条件以外，还经历了地壳运动，原来的沼泽、平地变成高山，地下的树木受到更多的压力，加上来自地下深处的熔岩的热量，使这些树

木发生变质，由有机质的木质变成碳质，变成了又黑又硬的煤炭。

中国的煤炭储量是巨大的，处于世界第三位。中国煤炭主要集中于西部地区和华北地区，即新疆、内蒙古和山西，此外，黑龙江、吉林、辽宁、安徽、四川也不少。主要聚煤期为石炭纪、二叠纪和侏罗纪。

煤的元素分析

科学上对煤要进行多种分析，其中有工业分析和元素分析。

煤的元素分析只是分析煤的一部分，即煤的有机质部分。分析结果发现，构成煤的有机质的主要元素有 6 种：碳、氢、氧、氮、硫、磷。

碳

氢

氧

碳元素是煤炭中的主要元素。从褐煤、烟煤到无烟煤，碳元素的含量不断增多。褐煤的平均含碳量在 70% 左右；烟煤 80%；无烟煤的有机质部分几乎全部由碳元素构成，含量高达 90% 以上，最高可达 98%。这就是说，碳是组成煤中有机质的最重要的一种元素。

氢就是氢气——一种无色、无味、无臭的气体。氢是质量最轻的一种气体。氢燃烧时其发热量比碳高 4 倍多。

氧也是一种无色、无味的气体。一般物体的燃烧都离不开氧气，但氧本身却不能燃烧。氧同氢元素一样，从褐煤到无烟煤，氧元素的含量越来越少。

氮元素也是无色无味的气体，不能燃烧，也不能助燃。煤中含氮量只有 1% ～ 2%，无烟煤的含氮量小于 1%。

煤还含有硫元素和磷元素。不仅煤的有机质中含有硫和磷，就是煤的无机物中也含有硫和磷。

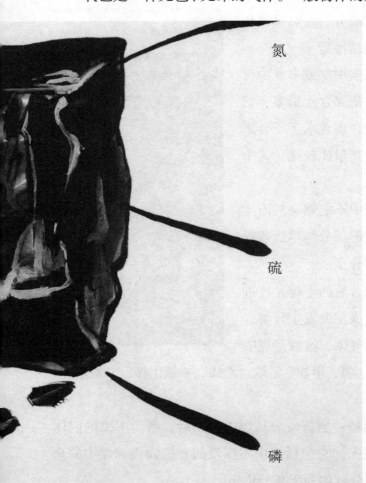

氮

硫

磷

煤的工业分析

煤炭在工业应用中的价值，取决于它的物质组成，改进煤的使用技术，也必须依据煤的性质而定。

煤的工业分析包括测定煤中的水分、灰分、挥发分、硫分、发热量、非挥发分——焦渣、黏结性等。

水分：在所有煤炭中都或多或少含有水分。一般来说，褐煤含水最多，烟煤次之，无烟煤最少。煤含水多了会影响发热量，褐煤的发热量比较低，其中同水分多有一定关系。

灰分：这就是煤中不能燃烧的固体矿物质，燃烧煤时可燃部分烧尽后残剩下来的煤灰，就是灰分了。

挥发分：去掉水分后的干煤，放进密闭的容器里加热，煤就要发生分解，一部分有机体就变成气体，这就是煤中的挥发分，如氢、氧、氮、甲烷、乙烷、乙炔、一氧化碳、二氧化碳、硫化氢等。

非挥发分——焦渣：当挥发分从煤中逸出后，残留下来的固体物质就称焦渣（焦炭）。它包括煤中不挥发的有机物质和煤中的全部灰分。如果除去灰分就称为无灰分焦炭。

  煤的发热量：就是单位重量的煤，完全燃烧后所放出来的全部热量，单位为千克／大卡。煤的发热量大小，主要决定于煤中碳、氢、氧元素的含量多少。

  硫：硫是煤中的有害物质，燃烧煤时，硫形成气体逸出，是一种污染气体。

煤成气

    煤和煤系地层形成过程中产生的天然气，称为煤成气，俗称瓦斯。这是一种高效、优质、清洁、无污染的理想民用燃料和化工原料。其成分是以甲烷为主的干气，重烃含量很少。1立方米煤成气产生约35.5兆焦热量，比1

千克标准煤的热量还高。

煤成气是腐殖质在煤化变质过程中热分解的产物，随着煤化变质程度的增高，释放出来的气量也随之增加。煤化过程中形成的大量煤成气，大部分散逸在大气中。一部分以煤层本身为储气层，以吸附或游离状态赋存于煤层的孔隙、裂隙、缝隙中，称为煤层气。这种气一般储量较小。每吨煤吸附的瓦斯量，取决于煤的种类、温度、压力、裂隙度、埋藏深度、有无露头和相邻地层的渗透性等因素。另一部分煤成气则在适当的地质条件下，运移到其他地层，如砂岩、石灰岩中储存，在"生、储、盖"适合的条件下，便聚集成气藏。这种煤成气储量都较大，往往形成有工业价值的气田。

据统计，全世界已探明的天然气储量和大气田绝大多数为煤成气类型，且特大气田的前5名都为煤成气形成。

目前，各工业国家在采煤的同时，都将抽放的瓦斯用管道输送出来加以利用，每年抽放量超过35亿立方米。

煤的能源地位

在第一次世界大战前，煤一直位居世界能源利用的首位。后来，由于石油和天然气开采量不断上升，煤炭在能源中的地位开始下降，随着20世纪60年代中东地区石油的大量开发，于1967年退居于第二位。但是，由于受到20世纪70年代初和1979年两次能源危机的影响，许多国家为减少对石油的依赖，再次引起对煤炭的注意，力求增加煤炭的开采利用。预计在今后相当一段时间内，煤炭作为主要的能源，地位还将进一步加强。

煤炭作为主要能源的原因之一，是它的储量相当丰

富。据估计，地下埋藏的化石燃料约 90% 是煤，世界煤炭的总储量约为 10.8 万亿吨，有的认为有 16 万亿～ 20 万亿吨，甚至认为地质储量可达 30 万亿吨。按当前的消耗水平，可用 3000 年以上；其中在经济上合算并且用现有技术设备即可开采的储量约 6370 亿吨，按目前世界煤年产量 26 亿吨计算，大约可以开采 245 年。

煤炭的未来

由于煤炭资源的庞大储量,它的未来和前景可以说是无量的。从开采规模来说,煤的全盛时期还没有到来;从资源的蕴藏量来说,煤有可能在今后一段时间内重新取代石油,夺回能源第一位的地位。

不过，煤炭的储量再大也是有限度的，若干年后煤炭也是会采完的。

可以预测，世界各国都将继续加大煤炭地质勘探的力度，加强各地质成煤时期的地质环境的研究。目前在增大煤炭地质储量方面，中国是一马当先的，据报道，在中国的西部地区（如新疆、内蒙古），相继找到了数百亿吨的大型煤产地。也可以预期，在中国广大的地区内的成煤期，还有不少的煤炭资源尚未勘察出来，今后，只要有投入，就一定会有回报。

未来的煤炭不仅是能源（燃料），更重要的将是化工原料，是有机合成化学工业珍贵的"原料仓库"。用它来制造千百种化工产品的原料，可制成200多种合成染料，各种各样不同香味的香料、合成橡胶、各种塑料、合成纤维和许多农药、化肥、洗涤剂等，还有沥青、溶剂、油漆、糖精、萘丸……难怪有人称誉煤炭是"万能的原料"，煤炭炼成焦炭后，还是制造煤气、电极、合成氨、电石的原料。

石油

石油是一种液态的矿物资源，它的可燃性能好，单位热值比煤高一倍，还具有比煤清洁、运输方便等优点。石油现在不仅是世界工业发达国家的主要能源，而且是重要工业原料、军用物资、日常生活的必需品。

石油是由碳氢化合物的混合物组成。其化学成分主要由碳、氢、氧、氮、硫等组成。

石油的颜色和它的成分有关。从油井中吸取出来，未经提炼的石油（称为原油），通常是不透明的暗褐色或黑色，但也可能是透明的红色、黄色，甚至是白色（巴库油田所产的原油，有的呈白色），并且有的还带有蓝色或绿色的闪光，从石油的颜色可以看出它的品质好坏。颜色越深，残渣越多；颜色越浅，残渣越少。

石油的比重比水轻，一般在（0.75～1）×10^3千克／米^3。按石油比重的大小，将石油区分为很轻的石油，比重（0.7～0.8）×10^3

千克／米³；轻石油，比重（0.8～0.9）×10³千克／米³；重石油，比重（0.9～1）×10³千克／米³。比重越小的石油价值越高，色深的、黏度大的石油，比重则大。

石油是黏稠性的，不同油田的石油黏度变化很大，比重大而温度低的石油黏度较大，而黏度的大小影响油管内输油的速度。

石油资源

石油资源通常可分为两种，即一般石油资源和特殊石油资源。

一般石油资源是指那些在现有技术、经济条件下能够开采的原油。在技术条件方面目前是指在大陆和不超过 200 米深的海洋中可采的全部石油。在一般石油资源中，大陆与海洋石油资源各占 60% 和 40% 。

特殊石油资源是指勘探和开发这种石油资源需要新的技术，而这种新技术目前还处于发展阶段，不宜采用。特殊

石油资源包括：深海产油区、北极地带产油区、重油产油区、含沥青二砂、油页岩、用煤做燃料的人造石油、生物人造石油。

少量的油页岩和沥青砂，可在地表及其附近出露，因而可用露天开采方法，然后再把原料运往加工厂。目前只以小规模加工沥青砂和油页岩。

据目前所知，一般石油资源主要集中分布在以下地区：中东波斯湾地区，储量约占全世界总储量的57%；欧洲，约占世界总储量的1/6；拉丁美洲和北美洲，约占世界总储量的1/7；非洲，约占世界总储量的1/9；亚洲及太平洋地区，约占世界总储量的1/16。

石油的蕴藏量

从 20 世纪 50 年代以来，人们无忧无虑地享受着石油带来的好处，特别在一些发达的资本主义国家里，能源浪费十分惊人。可是，20 世纪 70 年代出现了能源危机，人们不禁问道：世界石油资源无限量地开采能持续多久？地球上究竟有多少石油？

据美国地质调查局的统计和预测，到 1984 年 1 月 1 日止，全世界累计采出原油 640 亿吨，已探明的剩余可采储量约 1030 亿吨。用概率法估算未被发现的可采储量为 460 亿～2020 亿吨，中值为 790 亿吨。世界最终潜在采油量为 2460 亿吨，在 2030 年以前，这个最终潜在的采油量可满足 1984 年采油速度的资源需求。

有些能源专家指出，由于石油开采技术的发展，还可以增加石油供应

量。石油储量的可采率一般为 25%。后来，人们通过把水或天然气注入油层，保持油层的压力，使石油储量的可采率提高到 32%。这叫作二次回收技术。此外，还有一种叫三次回收技术，即把蒸汽或化学药品注入油层，减少石油的黏性，使之易于流出，提高可采率。

在个别情况下，可采率达到 80% 以上。这种技术由于花费太大而目前没有被广泛使用。

大陆架的石油多

20世纪60年代以前，世界油气资源的勘探和开采活动大部是在陆地上进行的，海域的勘探活动仅限于美国墨西哥湾和中东地区的波斯湾等几个有限海区，不大引人注目。但经过20世纪60年代末至70年代初出现的第一次海域找油热潮，特别是从1979年至今仍在继续的第二次热潮，近年油气开发有了很大的进展，世界油气勘探的重点已开始逐渐从陆地转向海洋。

广阔的海洋，按照海水的深浅，可分为大陆架、大陆斜坡和大洋区。近海区指大陆上的第三级阶梯继续向海面以下延伸的浅海区，即在地图上用浅蓝色标出的地区。该区水浅，又是海浪、潮汐、海流活动频繁的地带，空气比较充足，水温较高，而且上下水温相差不大，阳光能够穿透整个水层，再加上又有从陆上江河带来的大量养料，因此，成为海生生物繁殖的地区，是海底最繁华的世界。据统计，浅海区的生物总量为深海生物总量的15倍，大量的有机质被江河从大陆上带来的泥沙快速掩埋起来，为石油的储存准备了仓库，这就是石油和天然气资源多蕴藏在近海域的原因。

世界大陆架区面积约2800万平方千米，近海含油气盆地约1600万平方千米，其中有开发远景的面积达500多万平方千米。估计蕴藏量达1300亿～1500亿吨，约占世界石油地质总储量的2/5，而目前探明储量仅270多亿吨（占世界石油探明储量957亿吨的1/3）。

石油的新用途

从油田和矿区开采出来的原油被送运到炼化厂，由炼化厂加工成人们需要的能源产品。在整个石油炼制过程中，一次加工、二次加工的主要目的是生产燃料油品，三次加工则是为了生产化工产品。

石油工业是随着汽车工业发展起来的。20 世纪 30 年代以前，石油工业的任务主要是从石油中尽量提取汽油、柴油及润滑油等产品，为内燃机提供燃料油。现在人们用汽油、柴油开动汽车、轮船、火车和拖拉机等已经习以为常了。

利用石油可以制造出很多有机化合物，如药品、染料、炸药、杀虫剂、塑料、洗涤剂及人造纤维。英国工业用的有机化合物，80%来自石油化工。由于裂化过程中所产生的乙烯容易与其他化学物品化合，因此乙烯可用来制出大量石油化工产品。裂化过程中还有丙烯、丁烯、石蜡和芳香剂等其他主要产品，由这些产品又可制出数以百计的石油产品。

　　随着科学技术的发展，碳氢化合物通过微生物的作用，还可以制造人造食用蛋白，它不仅可以做有机化学工业原料，而且还可以用作无机化学工业原料。

石油的发现史

石油，在当今世界已是举世瞩目的工业能源。不难设想，这个世界如果没有石油，将会变成什么样子。石油在很早以前就被中国人发现了。

追根溯源，石油是由中国北宋科学家沈括（1031—1095）最早提出并命名的。现在国际通用的"石油"一词，其英文名称是

rockoil，就是根据"石油"二字的汉字字义直译过来的。rock是"岩石"的意思，oil是"油"的意思。由中文名称译成外文专用名词，这在世界翻译史上并不多见。

其实在中国，对石油的认识还可上溯到比沈括更早的商周时期。被列为儒家经典之一的《周易》一书中，就有"泽中有火"，"火在水上"的记载。据现代考证，当时在湖泊（"泽"或"水"）上燃烧的就是石油。

沈括在《梦溪笔谈》中指出"石油重多，于水际、沙石与泉水相杂，惘惘而出，出于地中无穷"，同时科学地预见，石油"必大行于世"。宋代，石油已开始应用于军事。当时发明了一种用石油产品沥青控制火药燃烧速度的方法，据史料记载："北宋时，京都汴梁的军器监中专门设有'猛火油作'（石油经过加工炼制，人们称其为'火油'或'猛火油'）制造火器。"这项重大发明比欧美早近1000年。直到20世纪，美英等国才在固体燃料的火药炮中，采用沥青控制燃烧速度。

特殊石油资源的前景

所谓"特殊石油"，是指埋藏在深海的石油、油页岩、沥青砂和重油等。

科学家对深海底部硬地进行了钻探，证明海底沉积层很薄，一些专家乐观地估计，深水石油资源的数量与目前已知的世界可采的石油资源量相同，大约为2300亿吨。

但遗憾的是，在阿拉斯加、加拿大北部、北极岛屿和西伯利亚北部等地区开采石油的经验表明，无论在北极地带，还是南极地带，勘探和开发石油，都是没有价值的，因为有许多困难目前难以克服。

油页岩中的石油储量也很大，估计有4000亿吨，从中可提炼石油300亿吨。可是，从目前的技术条件看，困难比较多。

沥青砂和重油的处理也不少，估计大约有3300万吨，但由于在现代科学水平下，由沥青砂和重油开采石油，只限于露天开采方法，采用这种方法的开采

量不多于产地全部蕴藏量的 10%。但是，最有发展前途的是把深部沥青砂和重油矿床，在地下变成石油提取出来。实现以工业规模由深矿开采石油的关键问题，是要具备黏沥青矿的软化技术，借助这种技术能把黏沥青软化到易于从沥青砂矿引到油井的状态。加拿大等国家已试用注水和地下加热石油的方法加以开采。

天然气

天然气是世界上继煤和石油之后的第三能源，它与石油、煤炭、水力和核能构成了世界能源的五大支柱。

天然气是蕴藏在地层中的烃和非烃气体的混合物，包括油田气、气田气、煤层气、泥火山气和生物生成气等。世界天然气产量中，主要是气田气和油田气。现在对煤层气的开采也已逐渐受到重视。

天然气的主要成分是甲烷，其氢碳比高于石油，本身就是优质清洁型燃料，是目前世界上公认的优质高效能源，也是可贵的

化工原料。

天然气密度小，具有较大的压缩性和扩散性，采出后经管道输出作为燃料，也可以压缩后灌入容器中使用，或制成液化天然气。开采天然气的气井存在压力差，利用这种压力差可以在不影响天然气开采和使用的情况下进行发电。

天然气有许多优点：不需重复加工就可直接作为能源；加热的速度快，容易控制，能够随意地送到需要使用的区域；质量稳定，燃烧均匀，燃烧时比煤炭和石油清洁，基本上不污染环境；用作车用燃料，二氧化碳排放量可减少近 1/3，尾气中一氧化碳含量可降低 99%。此外，天然气的热值、热效率均高于煤炭和石油。总之，用"天生丽质"来形容天然气是恰当的。

天然气的种类

目前，人们已发现和利用的天然气有6种之多，它们是油型气、煤成气、生物成因气、无机成因气、水合物气和深海水合物圈闭气。我们日常所说的天然气是指常规天然气，它包括油型气和煤成气，这两类天然气的主要成分是甲烷等烃类气体。天然气中还有一些非烃类气体，如氨气、二氧化碳、氢气和硫化氢等。

油型气。国际上一些勘探程度比较高的盆地，发现的石油和天然气的蕴藏量大体上相等，即有1吨石油的储量，就相应有1000立方米的天然气。世界上油气探明储量的平均比值是1：1，如果按此估算，中国与石油资源有关的天然气（油型气）资源应有78万亿立方米。

油型气和石油往往埋藏在一起，气在上，油在下，其形成和石油

也基本相同。石油和天然气就像一对孪生姊妹，它们的形成、蕴藏和使用，经常是形影不离，密不可分，这种天然气也叫油田伴生气。

煤成气。据目前对天然气的科学研究和论证，煤在生成褐煤阶段，每吨煤生成天然气38～68立方米；从褐煤变成无烟煤的过程中，每吨煤累计生成天然气346～422立方米，每吨烟煤约生成300立方米，由于煤对甲烷的吸附能力比泥岩大70倍，故煤田瓦斯量不可低估。一般每吨煤中含瓦斯量6～30立方米。

天然气的储存前景

到 20世纪90年代，世界探明的天然气可采储量100万亿立方米，比1960年增长15倍左右。在油气总储量的比例中，天然气由16.6%增至45%以上。油与气资源比例已逐渐接近，从趋势上看气将超过油。据估计，天然气最低储量可达到300万亿立方米，目前已探明的可采储量仅占1/3，累计产量仅占13.5%。

中国天然气资源丰富，已探明储量达数万亿立方米，其中纯气藏的气层气近5000亿立方米。

我国各地适于生成聚集天然气的沉积盆地很多，陆上有464个，面积522万平方千米，海上有12个，面积147万平方千米。据专家预测，天然气资源量

33.4万亿立方米，仅次于俄罗斯和美国，居世界第三位。在地区分布上和地层分布上都十分广泛。从最新的第四纪到古老的震旦系地层都有一定探明储量，其中第三系和三叠系最多，占50%以上。

中国天然气分布最多的大型盆地（地区）有十几个，其主要地

区有：新疆塔里木（裂解气），准噶尔（油型气、煤成气），青海柴达木（生物气），鄂尔多斯（煤成气），四川、云南、贵州、广西（裂解气），江淮（煤成气），华北（油型气），东北（油型气、煤成气），海域（油型气、煤成气）等。

天然气水合物

天然气水合物，又称天然冰。这是天然气和水在海洋的强大压力和低温海水作用下，经过几百万年，凝固而成的一种坚实的凝固体。

天然气水合物的发现，开始是在北极圈，从钻探的地方冒出来，它一接触到海面冷水立即凝结成一层晶状体。后来人们在海底油气资源勘探中，普遍发现了这种冰冻状态的天然气水合物晶体。这种新能源，估计它的储量将是世界石油储量的2倍。

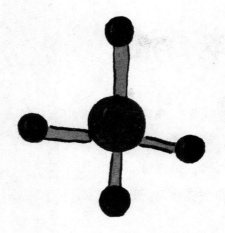

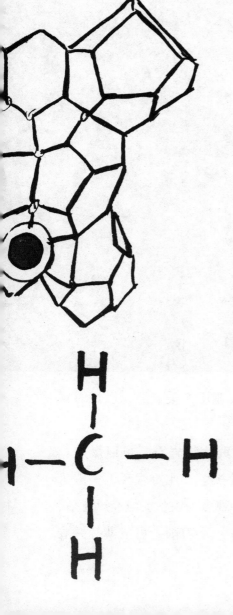

天然气水合物晶体，是一种具网络构造的天然气和水的笼状冰结晶体，里面含有气体分子，通常是天然气（甲烷），生成条件是低温和高压，以形成甲烷水合物为例，必要条件是0℃时2634.5千帕（26个大气压），或10℃时7707.7千帕（76个大气压）。因此，气体水合物只能分布于深海大陆斜坡或永久冻土带中，温度上升或压力下降时，立即分化瓦解，释放出可燃气体。

据测试，1单位体积的水合物，能包含200倍天然气。许多专家认为陆上27%和大洋底90%的地区，具有形成天然气水合物的有利条件。

全世界水合物中的甲烷含量约1.981×10^8亿立方米。因此，天然气水合物被认为是最有希望的新型能源。

固体石油

腐泥煤、油页岩、沥青质页岩，都是含油率较高的可燃性有机岩，是提炼石油和化工产品的宝贵原料，被誉为"固体石油"。

这些固体石油，特别是油页岩，据估计，在全世界的储量大大超过液体石油，并且有可能超过煤炭。在能源短缺的今天，世界各国已经开始研究如何利用固体石油的问题。

腐泥煤呈黑色，沥青光泽，条痕褐棕色，致密块状，断面具有明显的贝壳状，或弧形带状断口，比较坚硬，有较强的韧性，比重很小，拿在手上有轻飘飘的感觉。能划着安全火柴，又能用火柴点燃，燃烧时冒黑烟，红色火焰，有轻微的沥青臭味。

油页岩是一种含碳质很高的有机质页片状岩石，可以燃烧。油页岩的颜色较杂，有灰色、暗褐色、棕黑色，比重很轻，一般为（$1.3 \sim 1.7$）$\times 10^3$ 千克 / 米^3。无光泽，外观多为块状，但经风化后，会显出明晰的薄层理。坚韧而不易碎裂，用小刀削，可成薄片并卷

起来。

沥青质页岩为暗黑色，沥青光泽，页理不发青，有一定的韧性，锤击后易留下印块而不易破裂。不易点燃，燃烧时冒黑烟，有沥青臭味。含油率不高，一般 3% ～ 5%。

全世界的油页岩和沥青页岩，含油的总储量高达 1.416 万亿千克。已探明的矿藏含油 4400 亿吨，相当于 7084 亿千克标准煤。

油页岩的利用

油页岩工业利用途径有两个：一是炼油、化工利用，二是直接燃烧产气发电。

炼油、化工利用，是将油页岩进行干馏，制取页岩油和副产物硫酸铵、吡啶等。页岩油进一步加工，则可生产汽油、煤油、柴油等轻质油品。油页岩直接燃烧，是将其在专门设计的锅炉中燃烧产

气发电，油页岩干馏炼油残留的页岩灰和油页岩燃烧生成的页岩灰，均可用作水泥等建筑材料的原料。

一般认为，油页岩是低热值燃料，油页岩炼油厂或油页岩电站的投资大，据估计，年产百万吨页岩油，从油页岩开采、干馏，到加工成油，需投资8亿元；同时生产费用高，利润少，甚至有亏损。但是，随着国际石油危机的到来，以及石油价格的猛涨，同时由于油页岩综合利用的进展，尽管投资较大，大规模开发在经济上仍不失其应有的价值。

迄今为止，世界上用油页岩生产页岩油的，只有中国、俄罗斯和美国等几个国家。

目前，中国油页岩年产量约为1000万吨，主要用于干馏生产页岩油。抚顺（辽宁）和茂名（广东）的油页岩均为露天开采，其开采工艺是采用钻孔、爆破、电铲采装、铁道运输的方法。

第二章
太阳能

太阳以强大的光和热哺育着地球上的各种生命，也给人间带来了无限的温暖。地球上生物的生长和繁育，各地气候的形成和演变，全球水分循环的进行，都和太阳巨大的能量密切相关。地球上的绝大部分能源都来自太阳。

当前的科学技术水平，只能开发利用太阳照射到地球陆地能量的不足千分之一，所以今后开发利用太阳能的潜力还很大。

太阳的能量

太阳是一个巨大的气体光球，它的中心部分主要是由氢气构成的。因为太阳的重量十分庞大，所以连氢这么轻的气体也被它的引力拉住，而不能逃脱到外面去。

太阳表面的温度很高，高达6000℃，比炼钢炉中的温度还高得多。人们观察到，在如此高的温度下，太阳表面存在的各种金属都变成了蒸气。太阳中心高达1500万℃，如果同地面的物质对比一下，会觉得太阳温度高得惊人。在地面上，温度达到100℃，水就沸腾了，炼钢时温度达到1000℃，铁矿石将熔化成铁水流出，最难熔的金属钨，它的熔点也只有3370℃，比起6000℃和1500万℃来说，简直是望尘莫及。

经过科学家计算，目

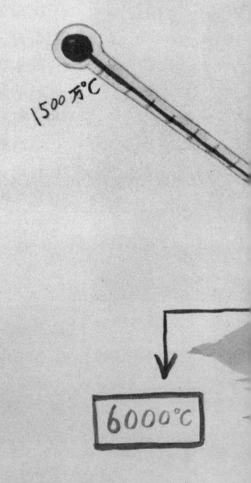

1500万℃

6000℃

前太阳每秒钟要释放出 3.77×10^{26} 焦热量，每秒钟需要消耗 6 亿吨的氢。太阳在一年之内可以产生出 3.8×10^{23} 千瓦的巨大太阳能，发出光辉并向太阳系辐射。

如果太阳全部由氢组成的话，那么还可以继续放射 1000 亿年。实际上，太阳并不是全由氢组成的，因此估计，太阳还可以在几百亿年内继续放出光和热。

到达地面的光和热

太阳一年发出的能量，相当于现在整个地球上人类所使用的总能量的 6×10^5 亿倍。这些能量的绝大部分都辐射到太阳系的宇宙空间了。其中约有二十二亿分之一辐射到地球上，相当于现在地球上所使用的总能量的 3 万倍。

辐射到地球上的太阳光线是由 7 色（红、橙、黄、绿、青、蓝、紫）各种波长的光波组成的，其中能量密度最大的波长是 0.55 微米的绿色光线区域。植物叶绿素的颜色和太阳光的绿色是一致的。

地球的最外层是被一层厚厚的大气包裹着的。大气层阻碍太阳能的辐射。因此，辐射到地球上的太阳能的分布是很不均匀的。

然而，到达地球表面的阳光和热量，是经常因大气层的变化而变化的。此外，地球上纬度不同的地方所受的日光照射也有所不同。

赤道地区所获得的太阳辐射比其他地方都多，在这里 1 平方米的面积上，每分钟所获得的阳光热量可煮开 1 杯水，1 万平方米土地上所获得的平均阳光热量，则足以发动一部消耗功率近 1×10^7 瓦的机器。地球表面积约 5.1 亿平方千米，这样，人们便不难计算出太阳每年辐射到地球表面的能量。

太阳能与地球万物

地球上绝大部分能源都来源于太阳热核反应释放的巨大能量，另外地球形成过程中储存下来的能量也都来源于太阳的辐射。

辐射到地球表面上的太阳能约有 47% 以热的形式被地面和海洋所吸收，使地面和海水变暖。

同海水、河川、湖沼等的水分蒸发，以及降雨、降雪有关的太阳能约为 23%。这些能量的一部分作为河川的水利用于水力发电等。

目前，对于太阳照射到地球陆地的能量，按照现有的技术水平，可开发利用的不足千分之一。不过，伴随科学技术的迅速发展，现代太阳能应用技术已被赋予全新的内涵，应用领域已涉及工业、农

业、建筑、航空航天等诸多行业和部门，已经发展成为种类繁多、兴旺发达的"名门大族"。例如，用于公共建筑的大规模采暖、制冷、空调等太阳能设施，用于海水淡化的太阳能蒸馏装置，用于宇宙飞船、航天飞机、汽车、自行车的太阳能能源，用于育秧、干燥、杀虫等太阳能器具，用于取暖、保温的太阳能灶和太阳能温室等，都是太阳能技术的应用。

总而言之，太阳能是一种取之不尽、用之不竭，不会造成任何污染的清洁能源和可再生能源。据研究认为，太阳还有几百亿年的寿命，只要太阳存在一天，它的能量就会释放一天。

太阳能的特点

太阳能作为一种新能源，与常规能源如化石燃料及核燃料相比，具有许多特点：

太阳能作为直接能源或间接能源，对人类起着非常重要的作用。它的优点之一就是持续供应，源源不断。

太阳能的广泛性。太阳能到处都有，就地可用，在山区、沙漠、海岛等偏僻地区其优越性更明显，人们只要一次性投资安装好发电设备后，平均的维持费用比其他能源要小得多，所以太阳能经济实惠。

太阳能具有分散的特点。太阳辐射尽管遍及全球，但每单位面积上的功率很小，因此要得到较大的功率，就必须有较大的受光面积，这就使得设备的材料、结构、占用土地等的费用增加，从而影响了推广应用。

太阳能具有清洁性。利用太阳能作为能源，没有废气、废料，不污染环境。

太阳能的地区性。在赤道附近，太阳光在中午时刻是直射地面的，因而有较大的强度。而两极地区，太阳光好像是滑过地面似的斜射，强度也就较小了。

　　太阳能的间歇性。太阳的高度角一日内及一年内在不断变化，加之气候、季节的变化影响，太阳能的可用量很不稳定，随机性很大。

　　在上述太阳能的特点中，有一些是太阳能的弱点，例如分散性、间歇性等。1990年，日本提出了综合利用太阳能的太平洋巨型浮体发电计划。因太阳能受季节、昼夜、气候影响，他们设计了许多种储存太阳能的方法，把间歇性和不稳定性的太阳能储存起来以便使用。

太阳能的利用前景

我国是世界上太阳能资源比较丰富的国家。我国幅员辽阔，全国各地的太阳能年辐射总量平均达 335 ～ 840 千焦 / 厘米^2·年。就世界范围来说，我国发展太阳能的自然条件是很好的。但是，太阳能的利用又因条件不同而

不同。

第一，日照时间长的地区，比日照时间短的地区有利。我国西藏地区一年的日照时间在3000小时以上；定日、阿里地区更超过3300小时；甘肃、青海等高原的条件也很好。

第二，多雨多雾的地区，日照时间短，不利于太阳能的利用。

第三，大都市的空气污浊，空气的透明度差，也不利于太阳能的利用。

第四，在热带地区利用太阳能有利，寒带地区较差。

利用太阳能淡化海水、为家庭提供热水或取暖的低温太阳能装置，已经在许多国家获得广泛应用。这类装置结构简单，不存在什么技术问题，在燃料缺乏、日照时间长的地区，发展太阳能利用更加具有潜力。

利用太阳能发电，是研究太阳能利用的主要方面，太阳能发电主要有太阳能蒸汽锅炉发电、太阳能温差发电和太阳能电池，其中太阳能电池又是发展太阳能利用最有前途的一个方面。

第三章
风能

使用现代的高新技术，对这种古老的能源加以利用，这正是当今世界开发能源的主流。风作为能源，很早就被人类所开发利用了。无数事实证明，风是一种潜力很大的新能源。

风是一种自然资源

风是一种最常见的自然现象，汹涌的海浪、怒吼的林涛、飘扬的旌旗，都是风作用的结果。

大家知道，地球的表面是被一层厚厚的大气包围着的，这层气体也叫空气，它的总厚度大约为1000千米。根据不同的物理特性，大气层可划分成对流层、平流层、中间层、热层和散逸层。风这种自然现象就产生在对流层里。在对流层的上部，由于温度低，冷空气就会沉到下部，下部的暖空气就会浮升向上，于是空气就会发生上下翻腾，形成空气对流现象。同时，太阳光照射到地球上，由于各地辐射能量不均衡，地球表面各地区吸热能力不同，便引起各处气温的差异，冷热空气形成对流，这就是风。

风是一种自然能源。它可以说是取之不尽、用之不竭的干净能源。有人估计过，地球上的风能是个惊人的数字，它相当于目前全世界能源年总消耗量的 100 倍，这个数字相当于 1.08 万亿吨煤的蕴藏量。

风能利用的研究与开发，在新能源的研究中占有一定的地位。不过风能也有许多弱点，如风力的不经常性和分散性，时大时小，时有时无，方向不定，变幻莫测，若用来发电则带来调速、调向、蓄能等特殊要求。

风是怎样吹起来的

地球表面有了风，才能耕耘播雨，调节气温，传播花粉，吹动风车。那么，风是怎样吹起来的呢？

空气的流动形成了风。流动的空气所具有的能量（动能），就是风能。广而言之，风能是由太阳能转化的，以及地球自转引起的。

海陆风——沿海地区海上与陆地上所形成的风，其风向是交替出现的。它的形成是由于昼夜之间温度的变化造成的。

山谷风——山岳地区在一昼夜间形成的山风，又称谷风或平原风。谷风的产生是由于白天太阳照射，使山坡上的空气温度升高，热空气上升，而地势低处的冷空气则自山谷向上流动，这就形成了谷风；到了夜间，空气中的热量向高空散发，高空

中的空气密度增大，空气则沿山坡向下流动，这就形成了山风。

　　经过反复实践，人们终于认识了大气中刮风的规律，甚至还可以准确地掌握海陆风、山谷风的出没规律，就像掌握潮水涨落规律一样准。海风何时登上陆地，谷风什么时候走向山头，有经验的沿海渔民和山区农民都能一清二楚。

　　大风包含着很大的能量，它比人类迄今所能控制的能量要高得多，因此风能的有效利用是人类开发能源的重要组成部分。

风速与风级

风的大小，通常以空气在单位时间内运动的距离，即风速，是衡量风力大小的标准，通常用米/秒、千米/小时为单位。

通常所说的风速，是指一段时间内的平均风速，如日平均风速、月平均风速、年平均风速等。这是由于风时有时无，时大时小，瞬息万变，所以人们以一段时间内的算术平均值为平均风速。

风速的观测就是测定风的大小。在很早的时候，没有测定风速的仪器，人们只能凭借地面物的动态来估计风力。据记载，唐朝就已经将风力分为10个等级，即动叶、鸣条、摇枝、坠叶、折小枝、折大枝、折木、飞砂石、折大树及根。现在使用的薄福氏风力等级，也是根据地面物的动态，把风力分为12级，加上静风1级一共13级。

目前气象台站是通过仪器来进行风速观测的。常用的有两种仪

器：一种叫风压板，另一种叫电传风向风速仪。

目前气象站发布天气预报时是用风力，即用风力的等级发布。风力简单明了。以平均风力而言，一般将枯水季节 6 级以上的风力，称为大风；洪水季节 5 级以上的风力，称为大风。

我国的风能资源分布

我国的风能资源主要分布在东南沿海及附近的岛屿、内蒙古、甘肃走廊、三北北部和青藏高原的部分地区，这些地区风力资源极为丰富，其中某些地区年平均风速可达 6 ～ 7 米 / 秒，年平均有效风能密度（按 3 ～ 20 米 / 秒有效风速计算）在 200 瓦 / 米^{2}以上，3 米 / 秒以上风速出现时间超过 4000 小时 / 年。按照有效风能密度的

大小和 3～20 米 / 秒风速全年出现的累积时数，中国风能资源的分布可划分为风能丰富区、风能较丰富区、风能可利用区和风能贫乏区等四类区域。

风能丰富区：风速 3 米 / 秒以上超过半年，6 米 / 秒以上超过 2200 小时的地区，包括西北的克拉玛依、甘肃的敦煌、内蒙古的二连浩特等地，沿海的大连、威海、嵊泗、舟山、平潭一带。

风能较丰富地区：一年内风速超过 3 米 / 秒在 4000 小时以上，6 米 / 秒以上的多于 1500 小时的地区，包括西藏高原的班戈地区、

唐古拉山，西北的奇台、塔城，华北北部的集宁、锡林浩特、乌兰浩特，东北的嫩江、牡丹江、营口，以及沿海的塘沽、烟台、莱州湾、温州一带。

风能可利用区：一年内风速大于 6 米 / 秒的时间为 1000 小时，风速 3 米 / 秒以上超过 3000 小时的地区，包括新疆的乌鲁木齐、吐鲁番、哈密，甘肃的酒泉，宁夏的银川等地区。

风能贫乏地区：除上述三个地区以外的所有区域都属于风能贫乏地区，主要集中在内陆山地和盆地。

第四章
海洋能

海洋中蕴藏着洁净的、可再生的、取之不尽的能源，包括潮汐能、波浪能、潮流能、海流能、海洋温差能和盐能。

这些海洋能都是可以再生的，只要日月在运转，风在不停地吹，太阳在闪光，江河在奔流，这些海洋能就会永无穷尽。中国海域辽阔，海洋能资源十分丰富。

什么是海洋能

什么叫海洋能？目前还没有一个确切公认的定义，但顾名思义，由海洋中的海水所产生的能量，都可视为海洋能。

海洋是一个庞大的蓄能库，海水中蕴藏的海洋能来源于太阳能和天体对地球的引力。只要有海水存在，海洋能永远不会枯竭，所以人们常说海洋能是取之不尽、用之不竭的新能源。

地球的总面积为 5.1 亿平方千米，海洋面积有 3.61 亿平方千米，占整个地球面积的 71%，而陆地面积只占 29%。

在能源大家族中，海洋能属于小字辈，开发利用的历史很短。自从 20 世纪 60 年代世界能源出现危机以来，人们才对海洋能产生了兴趣，这加快了对海洋能开发利用的步伐，并取得了令人欣喜的进展。

目前，各种海洋能的开发利用，大部分处于试验阶段，小部分达到实际使用水平。其中潮汐能的开发利用走在最前面，开发技术基本成熟；潮汐能发电的规模开始从中小型向大型化发展。海浪能的开发利用处在试验阶段，都处于中小型规模；海水温度差能发电开始从小型试验阶段向中型过渡，发展势头迅猛；海水盐度差能的开发利用在海洋能中最落后，尚处在原理性研究和工程设想阶段。

海洋能的种类

海洋面积占地球总面积的 71%，海洋蕴藏着巨大的能源。

什么是海洋能呢？它是指依附在海水中的一种可再生能源。海洋能包括潮汐能、潮流能、海底能、波浪能、海水温差能、海水盐度差能等。其中潮汐能与潮流能来源于月球、太阳引力，其他的海洋能都来源于太阳辐射。太阳到达地球的能量，大部分落在海洋上空和海水中，部分转化为各种形式的海洋能。

海水温差是热能。低纬度的海面水温较高，与深层冷水存在温度差，从而储存温差热能，其能量与温差、水量成正比。

潮汐能、潮流能、海流能、波浪能都是机械能。潮汐的能量与潮差大小成正比。潮流、海流的能量与流速平方和通流量成正比。波浪的能量与波高的平方和波动水域面积呈正比。

河口水域的海水盐度差能是化学能。入海径流的淡水与海洋盐水间有盐度差，若隔以半透膜，淡水向海水一侧渗透，可产生渗透压力，其能力与压力差和渗透流量成正比。

世界海洋能的分布特点：海洋能分布在南纬 30 度至北纬 30 度

之间的赤道带深水海域。潮汐能主要在潮差大而且有良好地形的港湾河口。

波浪能主要发生在南、北半球 20 度纬度以外的地区。

流速较大的海流则发生在两大洋的西端。

浓差能主要分布在世界各大河流入海处。

我国海洋能及开发历史

　　我国海域辽阔，岛屿星罗棋布，每年入海河流的淡水量为 2 万亿～ 3 万亿立方米，海洋能资源十分丰富。我国海洋能总蕴藏量约占全世界的能源蕴藏量 5%。如果我们能从海洋能的蕴藏

量中开发 1%，并用于发电的话，那么其装机容量就相当于我国现在的全国装机总容量。

我国海洋能利用的演进，自中华人民共和国成立以来大致经历过三个时期：

20 世纪 50 年代末期，出现过潮汐电的高潮，那时各地兴建了 40 多座小型潮汐电站，但由于发电与农田排灌、水路交通的矛盾，以及技术设计和管理不善等原因，至今只有个别的保存下来，如浙江沙山潮汐电站。除发电外，在南方还兴建了一些潮汐水轮泵站。

20 世纪 70 年代初期，再次出现利用潮汐的势头。我国三座稍具规模的潮汐电站和一些小潮电，都是在这个时期动工的。

20 世纪 80 年代以来，我国海洋能开发处于充实和稳步推进时期。1985 年江厦潮汐电站完成装机 5 台，发电能力超过设计水平，达 3200 千瓦。

我国沿海渔民很早就懂得利用潮汐航海行船，借助潮汐的能量推动水车做功。

2022 年 2 月 24 日世界最大单机容量潮流能发电机组"奋进号"在浙江秀山岛成功下海，装机容量达 3.3 兆瓦。

潮汐的科学研究

近海岸处，海水呼啸澎湃。科学家在海水中竖起一根刻有刻度的尺杆，随时从尺杆上读出海面的高度，即从尺杆零点起算的潮位高度（潮高）。这种尺子称为水尺。进行这项工作叫验潮。海面在水尺上的读数随时间而变化，科学家每隔一定时间记下一个读数值，就可以得到一组时间与潮高的数据。如果以时间为横坐标，以潮高为纵坐标，就可以绘出形状与正弦曲线相似的曲线，这条曲线就称为潮位曲线，它反映了潮位变化的时间过程。

从图中可以直观地看出海面的变化，海面升到最高位置时，称为高潮，海面降到最低位置时，称为低潮。

人们习惯地把海面的一涨一落两个过程，叫作一个潮，或称为一个潮汐循环。在一个潮汐循环中，高潮与前一个低潮的潮位差，称涨潮潮差；高潮与后一个低潮的潮位差，称落潮潮差。涨潮潮差与落潮潮差的平均值，就是这个潮汐循环的潮差。

涨潮所经过的时间，称涨潮历时。很明显，涨潮历时等于高潮时

潮汐

潮汐是地球上的海洋表面受到太阳和月球的潮汐力作用引起的涨落现象。潮汐造成海洋和港湾口积水深度的改变，并且形成震荡的潮汐流，因此制作沿海地区潮汐流的预测在航海上是很重要的。

减去前一个低潮时。落潮所经过的时间，称为落潮历时。落潮历时等于后一个低潮时减去高潮时。涨潮历时和落潮历时之和，就是这个潮汐循环的周期。

　　总之，各地的潮汐情况各不相同，可分为半日潮、全日潮和混合潮三大类型。

巧用潮汐能

海洋潮汐现象，无论发生在什么地方，总是从两个方面表现出来。一方面是海面的高度发生不断的变化，即海水垂直方向上的升降运动，时高时低的海面使海水具有位能。另外，汹涌的潮水，排空而来，即海水向水平方向的运动，流动的海水又产生动能。海水的涨落和潮流的流动，永远是一起产生，一起存在，一起变化，不可分离的。

潮位的涨落和潮流的流动，使海水中蕴藏着巨大的势能（位能）和动能，这就是可以开发的一种海洋

能——潮汐能。潮汐能是取之不尽的。据科学家估计，地球上的潮汐能有30亿千瓦，其中可以开发发电的为2200亿千瓦·时。地球上因潮汐涨落而没有被利用的能量比目前世界上所有的水力发电量还要多100倍!

潮汐能量的大小，受海岸地形、地理位置的影响。潮汐能在海

水深度不大、狭窄的浅海港湾是相当可观的，而在三角洲河口的涌潮的能量就更为可观了。如果把举世闻名的钱塘江涌潮的能量用来发电，发电量可为三门峡水电站的二分之一。

利用潮汐发电，将潮汐能转变成电能，是当今和未来人们奋斗的目标。

海浪能

海浪按其发生、发展的不同，可分为
风浪、涌浪、近岸浪等。

俗话说，无风不起浪。它说出了风浪产生的条件和原因，海岸
中最常见的海浪是由风产生的。在风的直接吹拂下，水面出现的波
动称为风浪。风对海水的压力以及与海面的摩擦力，是风浪产生的
原动力，所以风浪的能量直接来源于风能。

风浪传到无风的海区或者风停息以后的"余波"，称为涌浪。
那时海上虽然风和日丽，海面上却仍然波高浪大，形成了无风三尺
浪的景象。

涌浪传到浅水区，由于受到水深变化的影响，出现折射、波面
破碎和卷倒，海面白浪翻滚，海边浪花飞溅，这种浪称为近岸浪。

有时，海上风和日丽，海面却是巨浪如山，原来经过一定方向
的风长期吹刮的风浪，成长、发展到一定阶段后，风虽然停止了，

浪却不能立即停止，仍然不断地在继续向前传播着。当传播到无风的海区后，这个海区也会产生波浪。"风停浪不停，无风浪也行"，就是指这种情况。

除了风作用下引起的海面波动外，还有由月球和太阳引潮力引起的潮波；火山爆发和海底地震等原因引起的海啸；由于海面气压的突然变化引起的气象海啸；以及出现在海水内部上下层密度不同界面上的内波等。

习惯上，我们所说的海浪，指的是风浪、涌浪和近岸浪这三种形式。归根结底，海浪是由风形成的，只不过在不同情况下表现形式不同而已。

海浪力气大无比

有人做过这样的测试：近岸浪对海岸的冲击力，大的每平方米 1.96×10^5 ~ 2.94×10^5 牛，最大可达 5.88×10^5 牛。巨大的海浪可把一块 13 吨的岩石抛到 20 米的高处，能把 1.7 万吨的大船推上岸去。

1968 年 6 月，一艘名叫"世界荣誉号"的巨型油轮，装载着约 4.9 万吨原油，从科威特经好望角驶往西班牙。当驶入好望角时，遭到了波高 20 米的狂浪袭击，浪头从中间将船高高托起，船头和船尾悬在空中，船体变形了，甲板上出现了裂缝，接着，又一个狂浪从船头袭来，就像折断一根木棍一样，把轮船折成两段。

但是，如果人类驾驭了海浪，它也是一种可观的能源。

据估计，全世界波浪能约为 30 亿千瓦，其中可利用的能量约占 1/3。不同地域的波浪并不一样，南半球的波浪比北半球大，如夏威夷以南、澳大利亚、南美和南非海域的波浪能较大。北半球主要分布在太平洋和大西洋北部北纬 30 ～ 50 度之间。

中国沿海的波浪能分布也是南大于北,年平均波高东海为 1 米～ 1.5 米,南海大于 1.5 米。据推算,在风力为 2 ～ 3 级的情况下,微浪在 1 平方米的海面上,就能产生 20 万千瓦的功率。利用海岸波浪能来发电,可以获得大量电能。

海水的温差

海水因为分布的地域不同，深度不同，其温度是有差异的。海水温度的高低，主要来自吸收太阳的辐射多少。

全世界海水温度总的变化范围在 –2℃～ 30℃之间，最高温度很少有超过 30℃的。海水温度的水平分布，一般随纬度增加而降低。海水温度的垂直分布，随着深度增加而降低，大体上可以分成均匀层、变温层、恒温层。

当高温海水量越大，与低温海水的温度差越大，海水温度差能也就越大。热带海洋表层都是高温海水，海洋深层的低温海水也很多，所以潜在的海水温度差能是非常可观的。根据今天的科学技术条件，利用海水温差发电要求具有18℃以上的温差，因此在利用海水温度差能时，应该特别注意海洋表层和深层的温度差。在地球上，从南纬20度到北纬20度的辽阔海洋中，表层海水和深层海水的温度差极大部分在18℃以上。中国的南海，表层海水温度全年平均在25℃～28℃，其中有300多万平方千米海区，上下温度差为20℃左右，是海水温差发电的好地方。

海水的含盐度

常到海水里游泳的人，定会感到与在游泳池或江河湖泊中的不同之处。首先，会觉得你的身子比在游泳池里更容易浮起来；其次，偶尔喝进一口海水，会觉得又咸又苦。这是因为海水中溶解了大量的盐类。海水的含盐量越高，顶托人体的浮力就越大；溶解在海水中的盐类，有的是咸的，有的则是苦的。其中一种叫氯化钠，就是我们每天吃的食盐，是咸的；另一种叫氯化镁，就是点豆腐用的卤水，是苦的。

海水中各种盐类的总含量一般为 30‰～35‰，在 1 立方

千米的海水中，含有氯化钠 2700 多万吨，氯化镁 320 万吨，碳酸镁 220 万吨，硫酸镁 120 万吨等，整个海水中含有 5 亿亿吨无机盐。

在海水中已经发现有 80 多种化学元素。海洋学家把这些元素分成 3 类，每升海水中含有 100 毫克以上的元素，叫作常量元素；含有 1 ～ 100 毫克的元素，叫作微量元素；含有 1 毫克以下的元素，叫作痕量元素。

蒸发量大的海域，海水含盐的浓度大；反之，降水量多，或河水流入的海域，海水含盐的浓度就小。

在河流入海处的淡水和海水交汇的地方，有显著的盐度差，海水盐度差能最丰富，是开发利用海水中化学能最理想的地方。

盐度差能

为什么盐水和淡水之间存在着盐度差能呢？要回答这个问题，还得从渗透压说起。

渗透现象是十分普遍的现象，例如黄豆浸泡在水中会膨胀，就是由于水通过黄豆表皮（分子物理学上称这种表皮为半透膜）的渗透作用所造成的。

渗透现象就是指，在半透膜隔开的有浓度差别的同种溶液之间，产生低浓度溶液透入高浓度溶液的现象。

那么，什么是渗透压呢？当渗透现象发生后，我们在浓度大的溶液上施加一个机械压强，恰好能够阻止稀溶液向浓度大的溶液发生渗透作用，这个机械压强就等于这两种溶液之间的渗透压强，或称渗透压。

半透膜

半透膜是一种只给某种分子或离子扩散进出，对不同粒子的通过具有选择性的薄膜。

如果海水和淡水隔着一层只允许水分子通过，而不让正负离子通过的半透膜，那么它们之间就会产生渗透现象，淡水向海水渗透，并且产生一个渗透压。

有人做过测定，温度20℃时，盐度为35‰的标准海水，与纯淡水之间的渗透压高达24.8个大气压（2512.86千帕），相当于256.2米水柱高或250米海水柱高。可见，渗透压是个很大的压力。

渗透压与温度、浓度有关。温度越高，渗透压越大；浓度差越大，渗透压也越大。在海洋中，海水与淡水的盐度差最大，它们之间的渗透压也就越大。这就是为什么河流入海处海水和淡水交汇的地方是海水盐度差能蕴藏最丰富的地方。

第五章
生物质能

生物质，是生物直接或间接利用绿色植物进行光合作用而形成的有机物质。

生物质能，包括农作物秸秆、薪柴，可做能源的巨藻、海带，以及通过微生物发酵制成的沼气和酒精，从热化学途径获取的合成气和甲醇，还有种植能源作物提取植物燃料油等，是世界上最广泛的一种可再生能源。

生物质能

生物质包括所有的动物、植物和微生物，以及由这些生物产生的排泄物和代谢物。

从人类历史发展来看，生物质确实为人类提供了基本的燃料——薪柴。在自然界中，植物的叶绿素在阳光照射下，经过光合作用，把水和二氧化碳转化为碳水化合物一类的化学能，这种化学能

就是生物质能的基本来源。然后，人们取薪柴为燃料，把这种化学能又转变成热能。

科学家估计，地球上蕴藏的生物质可达 1.8 万亿吨，而植物每年经太阳的光合作用生成的生物质总共为 1440 亿～ 1800 亿吨（干重），等于当今世界能源消耗总量的 3 ～ 8 倍。若包括动物排泄的粪便，其数量就更大了。但是，目前人们实际利用的生物质能量还非常小，而且利用效率也不高，据粗略估计，最多也不过占世界总能耗的 6% ～ 13%。

在能源大家族中，生物质能是最富有的成员，据国际能源局的调查报告显示，地球上年产的生物质能是人类年消费能源总量的上千倍。生物质能包括沼气能、巨藻能、海带能、森林能源、能源作物等。这些能源都是可再生能源，取之不尽，用之不竭，又清洁无污染，价廉物美，必将受到人们的青睐。

生物质能的开发和利用大致有以下几个方面：农作物秸秆和薪柴的直接燃烧；通过微生物发酵制取沼气和酒精；从热化学途径获取合成天然气和甲醇；种植能源作物，提取植物燃料油。

生物质能的转化

生物物质，像秸秆、柴草等，在一定的条件下可以转化成气体燃料。例如，通过热化学转化，可以生成煤气，通常人们叫木煤气。而通过生物化学转化，又能生成另外一种可以燃烧的气体，这就是人们常说的沼气。

生物质的热化学转化，使用的原料是柴草和各种农作物的秸秆。把原料装在汽化器里，在高温、缺氧和汽化剂的作用下，就能分解，产生出一氧化碳和氢气。每立方米木煤气燃烧的时候，可以发出 3765 ~ 11 300 千焦热。

这种热解产生的木煤气，因为它里面还含有二氧化碳和水蒸气等不能燃烧的杂质，所以是一种不纯净的低热值气体燃料。不过可以用来烧锅炉、取暖、烘干和烧水做饭。如果经过净化处理，它也可以做内燃机的燃料，用来做动力和发电使用。

目前科学家正在研究，如何使这种低热值的木煤气转变成中、高热值的煤气，设想用氧或水蒸气做汽化剂，使柴草、秸秆汽化，然后再把所产生的气体净化，除去二氧化碳、硫化氢和水蒸气等杂质，来代替天然气使用。或把净化后的煤气转化成甲醇，也就是木精来使用。

生物质的生物化学转化，则是利用厌氧微生物在缺少氧气的条件下，把生物质转化成沼气。

生物质能用场多

各种生物质不仅可以提供燃料，而且将为人类提供机器部件、生活用品、各种化学原料。各种能源作物将是下列产品的原料资源。

生物质发电。美国 1992 年用木材和其他植物原料（统称生物质能）发电所产生的发电量，相当于 6 个核电站。大部分小型生物能电站约为标准燃煤电站规模的 10%，且采用较低级技术锅炉和蒸汽机发电。这些改变都是对各种环境压力的响应。

甲醇。许多公司计划开发汽化器技术，生产干净燃烧的醇基燃料甲醇，夏威夷市太平洋国际高科技研究中心根据市场需求，在 20 世纪 90 年代中期建了一座能发电并能生产甲醇的联合汽化器装置，到 2000 年汽化器技术已能适于生产各种化工产品。

乙醇。1992年美国谷类作物生产乙醇约38亿升。尽管这一数字小于美国年耗运输燃料1%，但完全能建成乙醇工业。

纤维素是生物质的最大的仓库，如何利用纤维素和其他发酵原料，转化成乙醇，这将是开辟一个巨大燃料源的工程。目前，科罗拉多州格尔登国家再生能源试验室正在进行研究。

广泛利用生物能源做燃料，有许多使用化石能源做燃料不可比拟的优点，例如产生的二氧化碳更少，城市的空气更洁净，地球更适于生存等。

什么是沼气

人们经常看见在湖泊、池塘、沼泽里，一串串大大小小的气泡从水底的污泥中冒出来。如果有意识地用一根棍子搅动池底的污

泥，用玻璃瓶收集逸出的气体，那么就可以做一个有趣的化学小实验了。将点燃的火柴很快接近瓶口，瓶口立即升起一股淡蓝色的火焰。再将一个广口瓶罩在火焰上，待一会就拿下来，你会发现这个广口瓶壁上附有小水珠。如果再将石灰水倒入广口瓶里，石灰水就会变得浑浊起来。

这个实验反应说明了两个问题：从湖沼中收集来的气体，是可以燃烧的气体；这种气体燃烧时生成水和二氧化碳，所以气体成分中一定含有氢（H）和碳（C）。

实际上，人和动物的粪便，动植物的遗体，工业和农业的有机物废渣、废液等，在一定温度、湿度、酸度和缺氧的条件下，经过嫌气性微生物发酵作用，可以产生可燃气体。因为这种气体最先是在沼泽、池塘中发现的，所以人们称它为"沼气"。

沼气的主要成分甲烷，在常温下是一种无色、无臭、无味、无毒的气体。但沼气中的其他成分，如硫化氢有臭蒜味或臭鸡蛋味，而且还有毒。

薪炭林

薪炭林，又叫能源林。营造薪炭林的目的就是提供薪柴和木炭，解决能源需要。种植薪炭林可一举三得，即生产效益、生态效益和社会效益。

发展薪炭林，必须选择优良的速生树种，根据当地气候条件和土壤情况，进行合理种植。对外来树种要驯化，先进行一定面积的试种，避免大面积急速推广。应特别重视改良当地树种，使其达到

生长快、产量高的要求。

实践表明，目前世界上比较优良的薪炭树种有：加拿大杨、意大利杨、美国梧桐、红桤木、桉、松、刺槐、冷杉、柳、沼泽桦、乌桕、梓树、任豆树、火炬树、大叶相思、牧豆树等。近来中国发展的适合做薪炭的树种有：银合欢、柴穗槐、沙枣、旱柳、杞柳、泡桐树等，有的地方种植薪炭林三五年就见效，平均每 667 平方米薪炭林可产干柴 1 吨左右。

选择薪炭林树种有以下原则：

生存能力强。耐土壤盐碱、耐旱，不怕昆虫、动物啃食，能抗不利环境因子。

速生快长。薪炭林产量高，轮伐期短。

萌生力强。一次造林，常年采伐。

木材热值高。木材的比重是衡量热值的显著标志，对于烧木炭用的薪炭林尤其重要。

未来的农村，人们把发展薪炭林同发展农业、牧业、养蜂业、养蚕业、烤烟、制砖、制陶、制茶等结合起来，使森林能源永续不衰，取之不尽，用之不竭。木质燃料不含硫，燃烧的剩余物是理想的肥料。

巨藻

巨藻，可生长在大陆架海域，也可生长在湖泊沼泽中。巨藻称得上是植物界的巨人。成熟的巨藻一般有 70 米～ 80 米长，最长的可达 500 米长。巨藻可以用于提炼藻胶，制造五光十色的塑料、纤维板，也可以用来制药。

近年来，科学家对巨藻进行了新的研究，发现它含有丰富的甲烷成分，可以用来制取煤气。这一发现是引人瞩目的。美国有关方面乐观地估计，这一新的绿色能源具有诱人的前景。将来，它甚至可以满足美国对甲烷的需求。

巨藻可以在大陆架海域进行大规模养殖。由于成藻的叶片较集中于海水表面，这就为机械化收割提供了有利条件。巨藻的生长速度是极为惊人的，每昼夜可长高 30 厘米，一年可以收割 3 次。美国科学家在美国西海岸某地几海里以外的地方培育出一种巨型海藻，这种海藻一般植根于海底岩石，生长极其迅速，一昼夜能长 60 厘米。

目前,美国能源学家正在试验用巨藻提炼汽车用的汽油或柴油。如果此项试验成功，这种取自海生植物的汽油，售价会低于现今的一般汽油。

石油树

"石油树"或"石油植物"，即是指那些可以直接生产工业用"燃料油"，或经发酵加工可生产"燃料油"的植物的总称。

据专家研究，有些树在进行光合作用时，会将碳氢化合物储存在体内，形成类似石油的烷烃类物质。

在南美洲亚马孙河的原始森林中，有一种叫苦配巴的乔木，其直径可达 1 米，如在它的树干上钻一个直径 5 厘米的孔，两小时左右就会流出近 2000 克金黄色的油状树液。这种树液不经任何处理，就可直接作为柴油机汽车的燃料，且排出的废气不含硫化物，不污染空气。因此，人们称苦配巴为"柴油树"。目前巴西正在试种这种树，以期获取大量的"柴油"。

中国也有能源树。在海南岛的原始森林中，有一种能产"柴油"的大乔木——油楠树，树高30多米，直径可达1米以上。当其长到10米多高、树径达半米左右时，即开始产油了。从油楠树的锯面流出的这种油状树液，每株可达25千克，最多的可达50千克。这种油经过滤后，可直接作为发动机的燃料。

目前还发现许多草本植物也富含石油，如美国的黄鼠草、乳草、蒲公英，澳大利亚的桉叶藤、牛角瓜等，是遍身都含"石油"的宝草，堪称世界未来的能源宝库。

第六章
地热能

地球的确是一个庞大的热库，地热能比化石燃料丰富得多，它大约是世界上油气资源所能提供能量的 5 万倍，每天从地球内部传到地面的能量，就相当于全人类一天使用能量的 2.5 倍。不过，我们不可能把地球内部蕴藏的热能全部开发出来。

人们把蕴藏在地球内部的热能叫作地热能。一般说来，地热能可以分为两种类型：一种是以地热水或蒸汽形式存在的水热型，另一种则是以干热岩体形式存在的干热型。

地球是个庞大的热库

地球内部蕴藏的热量是一种巨大的能源，这同煤、石油、天然气及其他矿产一样，也是宝贵的矿产资源。

根据科学测试了解到，从地面向下，随着深度增加，地下温度不断上升。一般来说，在地球浅部，每深入100米，温度升高3℃左右，到35千米左右的大陆地壳底部，温度可达500℃～700℃；在深为100千米的地幔内部，温度达到1400℃；到2900千米以下的地核，温度可以达到2000℃～5000℃。有人估算过，整个地球大约拥有 12×10^{30} 焦热量，然而，人们是无法将这么庞大的热能全部开发出来的。

假如按正常地热增温率来推算，80℃的地下热水，埋藏在2000～2500米的地方，显然要从这样的深度打井取水，无论从技术还是经济方面考虑都是不合算的。为此，人们要想获得地表以及地壳浅部的高温地下热水，就必须在地壳表层寻找"地热异常区"。我们通常所指的地热，主要就是来自这些"地热异常区"的地下热能。

在"地热异常区"，地壳断裂发育、火山爆发、岩浆活动强烈，地下深处的热能上涌。如果有良好的地质构造和水文地质条件，就能够形成富集热水或蒸汽的具有重大经济价值的"热水田"或"蒸汽田"（统称地热田）。

地球内热的来源

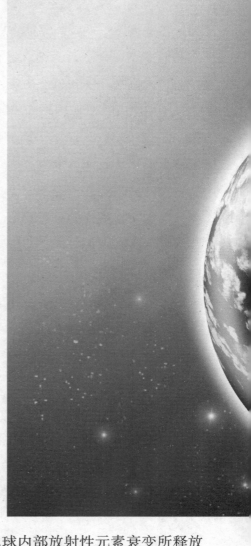

地球开始形成的时候，曾经是个非常炽热的行星。在漫长的地质年代里，地球表面逐渐冷却，但内部仍然保存了大量的热能。

现在人们还无法了解地球深处这个高温高压的神秘世界。据估计，地球的地心（地核）是温度高达5000℃的熔岩。火山爆发时，地球内部几十千米深处的岩浆，经过长途跋涉来到地面时，仍有1000℃以上的高温。美国石油工人曾钻了一口创纪录的深井，钻杆伸到地下9000多米时，就被数百摄氏度的矿物质卡住而无法转动，再也无法向下钻进了。

目前，地球科学家普遍认为，地球内部放射性元素衰变所释放的能量是地球内热的主要来源。

不同的放射性元素有各自的蜕变速度。这些放射性元素蜕变时，都要释放出大量的热能，这些热能成为地球内部热能的来源。

地球化学研究证实，放射性元素铀、钍、钾，多分布集中在地

　　壳及上地幔顶部，而且多储存于花岗岩石中，在基性岩石，超基性岩石中却很少。有人做过概略统计，花岗岩石的生热量约占生热总量的 70%，基性岩约占 20%，超基性岩约占 10%。

　　除此之外，地球内热的来源还来自重力分异热、潮汐摩擦热、化学反应热等，但都不占主要地位。

地热能的类型

据科学家研究，地热资源有以下三种类型：

水热型地热资源。地热区储存有大量水分，水从周围储热岩体中获得了热量。地热水的储量较大，约为已探明的地热资源的10%，温度范围从接近室温到高达390℃。地下热水往往含有较多的矿物盐分和不凝结气体。

干蒸汽型地热资源。地壳深部的热水，由于地下静压力很大，水的沸点也升高。高温水热系统处于深地层中，就是温度达到300℃，也是呈液体状态存在。但这种高温热水一旦上升，压力减小，就会沸腾汽化，产生饱和蒸汽，往往连水带气一道喷出，所以又叫"湿蒸汽系统"。如果含有饱和蒸汽的地层封闭很好，而且热水排放量大于补给量，就会出现连续喷出蒸汽，而缺乏液态水汽，这就称为干蒸汽。如意大利的拉德瑞罗地热田。这类地热能比较罕见，但利用价值最高，一旦发现，往往立即可用于汽轮机发电。现有的地热

电站中约有3/4属于这种类型。世界著名的美国加利福尼亚州盖塞尔地热电站、意大利的拉德瑞罗地热电站都属于这种类型。

干热岩型地热资源。地热区无水，而岩石温度很高（在100℃以上）。若要利用这种热能，需凿井，将地上水灌入地热区，使水同灼热岩体接触，形成热水或蒸汽，然后再提升到地面上来使用。美国墨西哥湾沿岸的地热区就是这种类型。

我国的地热资源

我国蕴藏着丰富的地热资源。据统计，已知的热水点约有3400多个，遍布全国。可以说在我们的脚底下，有着一个广阔无比的地下热水海洋。我国的地热资源大致呈两大密集带：一个是东部沿海带，另一个是西藏、云南带。

我国地热资源的特点是类型较多，按分布特点可划分为6个地热带：

藏滇地热带。包括冈底斯山、念青唐古拉山以南，特别是沿雅鲁藏布江流域，东至怒江和澜沧江，呈弧形向南转入云南腾冲火山区。

台湾地热带。台湾地震十分强烈，地热资源非常丰富，主要集中在东、西两条强震集中发生区。

东南沿海地热带。包括福建、广东、浙江、江西和湖南的一部分地区。

山东—安徽庐江断裂地热带。这条地壳断裂很深，至今还有活动，初步分析该

断裂的深部有较高温度的地热水存在，目前有些地方已有低温热泉出现。

川滇南北向地热带。主要分布在昆明到康定一线的南北向狭长地带，以低温热水型资源为主。

祁吕弧形地热带。包括河北、山西、汾渭谷地、秦岭及祁连山等地，甚至向东北延伸到辽南一带。该区域有的是近代地震活动带，有的是历史性温泉出露地，主要地热资源为低温热水。

温泉的形成

温泉是一种温热或滚烫的泉水。

温泉是怎样形成的呢？温泉是大气降水渗入地下，在深处加热以后再上升溢出地表形成的。在地下深处，为地下水加热的因素较多，下面分别加以叙述：

地热梯度的变化，可使地下水增温。依地壳的平均地温梯度，按每深1000米地温增加30℃计算，地下水只要到达3000米以上深度，水温就可上升到90℃以上。如果到达5000米以上深度，水温则可能高达150℃左右，由此可见，深循环对高温热水生成的重要性。

火山喷发地区，常形成地温梯度的增高。这些热水到达地表便成为高温温泉，这是活火山区和第四纪（最近180万年内）火山区时常出现高温温泉的原因。

另外，新造山带、新变质区和快速上升的山脉，也常常遍布温泉，原因是这些地区也都具有破碎的岩层、理想的地质构造、起伏较大的地形，以及异常的地温梯度。

然而，如果具备上述条件而缺少降雨和丰富的地下水，结果仍

　　然无法形成地下热水和温泉，所以"水"也是温泉形成的一个必要条件。

　　要形成温泉，必须有适当的地形、地质条件，如多孔隙或裂隙的岩层、断裂构造的存在、高山深谷起伏较大的地形、充足的降水量与地下水，以及异常的地温梯度等。

温泉的类型

地球上的温泉很多，无论是温泉本身的温度，还是它所含有的化学成分，以及它冒出地表时的形态，都是多种多样的。因而，温泉类型的划分就随其标准不同而不同，如按温度可分为沸泉、热

泉、温泉等，按矿物成分又可把温泉分为单纯泉、碳酸泉等。

温度不同的温泉。自然界中，泉水的温度高低悬殊，一般说来，当泉水的温度高于当地全年平均气温时，就称为温泉；低于当地全年平均气温时，就叫冷泉。

温泉的温度，有高有低，大小不同。有的温泉不冷不热、温暖宜人。而不少温泉却是高温灼人的，人们根据温度的高低，对温泉进行划分。

沸泉：泉水温度等于或高于当地水的沸点，海拔高的地区，水的沸点低于100℃，一般地区水的沸点就是100℃。

热泉：泉水温度在沸点以下，45℃以上。

中温泉：泉水温度在45℃以下，年平均气温以上。

世界上的温泉多为热泉和中温泉。中国的热泉和中温泉占温泉的90%以上，分布也十分广泛。大多数温泉疗养院都在热泉和中温泉附近修建。

成分不同的温泉。根据泉水中溶解物质的不同，有人将温泉划分为单纯泉、碳酸泉、重碳酸盐泉、硫酸盐泉、食盐泉、硫黄泉、放射性泉、铁泉等。

此外，还有硫化氢泉、放射性泉，每升水含有20爱曼以上的氡气，即为放射性氡泉。

奇异的温泉显示

自然界中的温泉形态各异，有的喷涌而出，呼啸不已，有声有色，极为壮观，有的间歇式喷发，有喷气的，也有连气带水一起喷出的，还有喷出泥浆子、喷气孔和硫质气孔的。

从喷发形式上看，有喷泉、间歇喷泉、爆炸泉、沸泥泉等，若从它们喷出的气、水成分看，有的以冒气为主，有的以冒水为主，还有水、气二者兼有的两相泉。

泉水冒出地面以后，由于水量和地势的不同，又分别形成了热水河、热水塘、热水

湖、热水沼泽等。

喷泉，顾名思义，是水、气以喷射的方式冲出地面，喷出高度由几米到十几米以上。

沸泥泉是由于高温热流将通道周围的岩石蚀变成黏土，然后与水汽一起涌出地面而形成的一种高温泥水泉。

以冒气为主的喷气孔和硫质气孔，也是重要的显示类型。喷气孔指气体通过明显的孔隙逸出地表，如果无数小的冒气孔密集在一起，便形成冒气地面。

热水河、热水湖、热水塘、热水沼泽，实际上都是由众多密集的泉眼涌出大量泉水后汇集而成，这在中国的西藏比较多见。以热水湖为例，羊八井热水湖面积达 7350 平方米，最深约为 16 米，水温在 45℃～59℃，是少见的大型热水湖。这些大面积的地热显示，地下有极为丰富的地热资源可供开发利用。

第七章
核能

在核电发展过程中，可分为三个阶段，目前正处于裂变能利用的初级阶段，即热中子堆核电站。不久的将来，会进入裂变能利用的高级阶段，即快中子增殖堆阶段。最终阶段将是聚变堆阶段的聚变反应堆，目前正在研究探索试验当中，估计会在数十年之后应用。

原子核能

原子核能，是原子核发生变化时释放出来的能量。铀、钍、氘等核燃料中蕴藏着丰富的原子核能。

放射性元素蜕变是原子核能的释放过程。放射性物质的原子核无须外力的作用，就能自发地放出某些高速粒子并形成射线。放射

性元素主要有铀–238、铀–235、钍–232、钾–40等。

原子核中核子间的相互作用力要比原子之间的相互作用力大得多，原子核能也要比"化学能"大得多。1克氢变成氦时释放的能量相当于燃烧4吨煤时所得的能量。

要取得原子核能，必须使原子核的运动状态发生变化。原子核的变化基本上有"放射性"和"核反应"两种类型。核反应有三种形式：裂变反应、聚变反应和一般的核反应。

放射性蜕变和一般的核反应都能释放出大量的能量，然而人们很少直接利用它。放射性元素有固定的"半衰期"。

一般情况下，所需的"激发能"比从核反应中获得的能量还要大，而停止供应"激发能"时，反应就立即停止。

从原子核能的发现到原子核能的利用，其间相隔了整整半个世纪。天然放射性现象是1896年发现的，到1919年，人们第一次实现了人工核反应。1939年，在发现"链式反应"后，人们才有可能用人工方法来释放潜藏在原子核中的能量。

核反应堆

1942年12月2日，科学家们聚集在美国芝加哥大学体育场底下的一个临时实验室里。这里有一个刚建成的核反应堆，他们正在进行控制链式反应的试验。这项试验是美国制造原子弹的曼哈顿计划的主要内容之一。

这个核反应堆宽9米，长近10米，高约6.5米，重1400吨，其中装有52吨铀和铀的化合物。

核反应堆是使原子核裂变的链式反应能有控制地持续进行的装置，是我们利用原子能的一种最重要的大型设备。反应堆的核心部分是堆芯，原子核裂变的链式反应就在这里进行。组成堆芯的核燃料被做成棒状或块状的燃料元件。用中子一

"点火"，链式反应开始，核燃料就马上"燃烧"起来了。

控制链式反应速度的途径是控制中子的生成量。办法很简单，只要在反应堆里安置一种棒状的控制元件就可以了。

反应堆工作了，链式反应进行着，核燃料裂变放出的能量使反应堆的温度迅速上升，这就要用冷却剂来冷却。水、重水等液体，

氦、二氧化碳等气体，以至金属钠等常温下的固体，都可以用作冷却剂。使用冷却剂既可降温，也可以把反应堆生产出来的能量带走，所以冷却剂又叫载热剂，通过载热剂带出的热量可以送到有关用户去利用。载热剂从反应堆里出来后，通过热交换器把热量传递给水，水受热变成蒸汽，蒸汽就可以推动汽轮机发电，这叫原子能发电。

核燃料铀
从哪里来

地壳内铀的含量占 0.000 2%，据地质学家估算，总赋量有几十万亿吨到百万亿吨，在自然界以各种化合物的形态赋存在地壳（包括海水、动植物）中。由于铀具有很强的迁移特性，寻找有工业价值的铀矿床是相当复杂和艰难的工作，一般要经过普查揭露、地质勘探、储量计算等几个阶段。

铀矿石的种类很多，如晶质铀矿、非晶质铀矿、沥青铀矿、芙蓉铀矿、变铜砷铀云母、千碳铀矿和绿碳钙铀矿等。

铀矿床的特点是矿体形态复杂，面积和厚度小，多数在岩石的压碎带、破碎带、剪切和强力裂隙中赋存，造成开掘和支护复杂化。铀又常与其他金属共生，形成复合矿，采矿时要考虑综合利用。

铀矿物和铀矿石具有放射

性，在开采过程中必须有预防氡气和放射性微尘的设备，保护工作者的人身安全。

铀提取是将铀矿石加工成含铀 75% ～ 80% 的化学浓缩物（重铀酸钠或重铀酸铵，俗称黄饼）。这是核工业的重要环节，一般要经过配矿、破碎、熔烧、磨矿、浸出、纯化等工序。

铀浸出后，不仅铀含量低，而且杂质种类多、含量高，必须去除才能达到核纯要求。这一过程就是纯化。

核能的优点

核电站之所以发展得这么快，是因为它有许多优点。

第一，它是有效的替代能源。核燃料的体积小而能量大，核能比化学能大几百万倍。用核燃料做替代能源，可节约常规能源，并用在其他工业上。而铀对人类有益的用途只有一个，就是作为核反应堆的燃料。所以多用核燃料做替代能源是符合"物尽其用"的原则的。

第二，对环境污染小。目前的环境污染问题大部分是由使用化石燃料引起的。核电站设置了层层屏障，把"脏"

东西都藏在"肚子"里，基本上不排放污染环境的物质，就是放射性污染也比烧煤电站小得多。

第三，经济合算，发电成本低。据世界上有核电国家的多年统计资料表明，虽然核电站的基本建设投资高于燃煤电厂，一般是同等火电厂的一倍半到两倍，不过，它所用的核燃料的费用要比煤便宜得多，运行维修费用也比火电厂少，因此综合看来，核电站的发电成本比火电厂发电要低一些。

第四，核能是可持续发展的能源。世界上已探明的铀储量约 500 万吨，钍储量约 275 万吨。这些裂变燃料足够人类使用到聚变能时代。

第八章
氢和锂

氢在化学元素周期表上，排在第一位，一般情况下是呈气体状态。氢气比空气轻，所以像探测高空气象用的气球，节日里放的彩色气球，大都是充的氢气。

锂发现于 1817 年，但应用却很晚，直到 20 世纪 50 年代前后才少量用于玻璃、陶瓷及合金的制造中。

氢的发现历史

人们发现氢已有 400 多年的历史了。400 多年前，瑞士科学家巴拉塞尔斯把铁片放进硫酸中，发现放出许多气泡，可是当时人们并不认识这种气体。1766 年，英国化学家卡文迪许对这种气体产生了兴趣，发现它非常轻，只有同体积空气重量的 6.9%，并能在空气中燃烧成水。到 1783 年，法国化学家拉瓦锡经过详尽研究，才正式把这种物质取名为氢。

氢气一诞生，它的"才华"就初露锋芒。1780 年，法国化学家布拉克把氢气灌入猪的膀胱中，制造了世界上第一个最原始的、冉冉飞上高空的氢气球，这是氢的最初用途。

氢气不仅可以燃烧，而且燃烧时产生的热量很高。

科学家们在研究氢的特性时发现，在常温常压条件下，氢是一

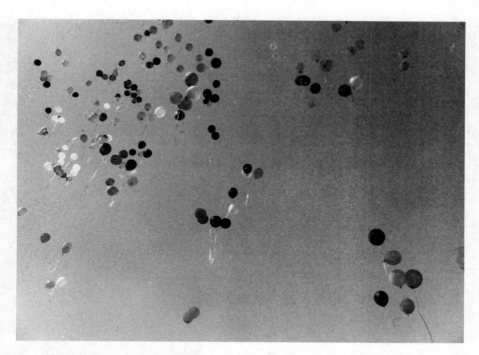

种最轻的气体。只要存在充足的氧，它就可以很快地完全燃烧，产生的热量比同等质量汽油高 3 倍。氢无色、无臭、无味、无毒，燃烧后生成水和微量的氮化氢，对环境无害，在达到 –252.7℃的低温条件下，氢变为液体，如再加上高压，氢还可以变成金属状态。氢气和液态氢、金属氢都可以很方便地储存和运输。它们既可以用来发电或转换成气体形式的能源，也可以直接燃烧做功。

自然界里的氢

在化学元素周期表上，氢排在第一位。氢是最轻的化学元素，它在普通状况下是气体，密度只有空气的7%，无色、无味、无臭，看不见，摸不着。

氢气比空气轻，气球里充进氢气，它就会飞升空中，像探测高空气象用的气球，节日里放的彩色气球，大都充的是氢气。充氢的气球和飞艇首次使人实现飞离地面的夙愿，在人类航空史上写下了光辉的一页。

在大自然中，氢的分布很广泛。水就是氢的"大仓库"，有人用"取之不尽，用之不竭"来形容它，这是不无道理的。在常温常压下，氢以气态存在于大气中，但它的主体是以化合物——水的形式存在于地球上。

我们知道，地球表面上有71%的面积被水覆盖，根据水中含有11%的氢的数据，就可计算出氢在地球表面水体中的含量了。海洋里共含有15亿亿吨氢。此外，在泥土里大约有1.5%的氢。石油、煤炭、天然气、动物和植物等也含有氢，它们都是碳氢化合物。而且人们

还发现，氢气在燃烧过程中又能够生成水，这样循环下去，氢能的资源可以说是无穷无尽的。同时，这也完全符合大自然的循环规律，不会破坏"生态平衡"。

氢的用途广泛

据统计，截至 1976 年以前，全世界每年生产 4000 亿立方米氢气，其中 88% 用在非能源方面，10% 用来合成甲烷，仅有 2% 和天然气混合作为燃料，化学工业部门耗氢最高，仅生产制造化肥的主要原料氨一项的耗氢量就达 2000 亿立方米。提炼石油用掉 1000 亿立方米，余下的 1000 亿立方米消耗在气象探测氢气球充气、人造黄油等方面。

氢是生产氨、乙炔、甲烷、甲醇等的原料；氢又可以代替焦炭做制取钨、钼、钴、铁等金属粉末的还原剂；在用氢氧焰切割钢铁等金属时，也要使用氢气，因为氢气在氧气里能够燃烧，氢气火焰的温度可以达到 2500℃。

氢气在一定的压力和低温下，很容易变成液体。这种液体氢既可以用作飞机的燃料，也可以用作导弹、火箭的燃料。美国利用液氢做超音速和亚音速飞机的燃料，使 B-57 双引擎轰炸机

改装了氢发动机，实现了氢能飞机上天。宇宙飞船也是以氢为燃料，这一切都显示出氢燃料的丰功伟绩。

　　更新颖的氢能应用，是氢燃料电池。这是利用氢和氧（或空气）直接经过电化学反应而产生电能的装置，也可以说是水电解槽产生氢和氧的逆反应。

氢能进入百姓家

随着制氢技术的发展以及化石能源越来越少，氢能利用很快将进入寻常百姓家庭。首先是发达的大城市，可以像输送城市煤气一样，用氢气管道将氢送往千家万户。

氢的物理特性同煤气还是有区别的，所以远距离地下送氢管道质量要求高，投资也多，中途加压站数量也比较多，压力机的功率和压力也高。压力机的电动机要装防护铁甲，防止火灾和引起事故。这些比较都是就输送等量的煤气和氢而言的，即使这样，氢的输送也比电的输送便宜得多。

每个用户可采用金属氢化物储罐将氢气储存，然后分别接通厨房灶具、浴室、氢气冰箱、空调机等，并且在车库内与汽车充气设备连接。

科学家设想，在不久的将来会建造一些为电解水制取氢气专用的核电站，比如建一些人造海岛，把核电站建在人造海岛上，电解用水和冷却用水举手可取，又远离居民区，既经济又安全。

科学家认为，未来的氢能将是最有前途的洁净能源。只要先经过太阳能发电，发出的电能便可以通过电解水得到氢，再将氢进行液化，以后就可以运输到使用地点，这就是太阳—氢方案。

利用太阳能制氢，是以太阳能为一次能源，然后从中取得氢。由于氢无污染，使用过程中放出能量后本身又变成水，因此是一种取之不尽、用之不竭，产生良性循环的理想能源。

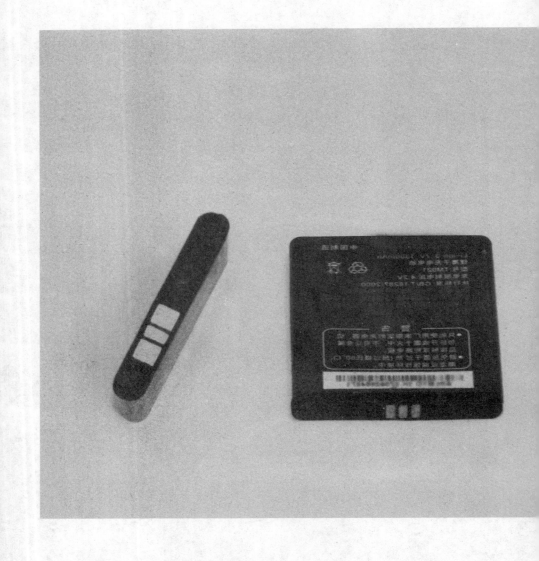

锂是一种能源

锂发现于 1817 年，但应用却很晚，直到 20 世纪 50 年代前后才少量被用于玻璃、陶瓷及合金的制造中。

锂的用途还有：第一是用于大规模储存电能的高能质比电池和再生电池，这种电池有可能成为航空器的动力来源；第二是用于受控热核聚变发电站，熔融的锂将作为一种冷却液用于裂变反应堆堆芯和聚变反应堆堆芯；还作为氚的一个来源。这几种用途已经研究成功，并于 20 世纪 90 年代投入商业性生产。

锂同位素分离有多种方法、如化学交换法、离子交换法、电迁移法、热扩散法等，具有实际生产意义的目前只有化学交换法。

地质科学工作者发现，世界锂的矿山储量估计为 240 万吨，海水中的锂含量丰富，每吨海水中含有 0.17 克锂。中国西藏的不少盐湖中，蕴藏着丰富的锂资源，据初步估算，其潜在储量居世界前列。人们十分重视锂的开发和利用，让这"姗姗来迟"的"金属新贵"，发挥出自身的热量。

锂是核聚变能材料

核聚变能是一种既无污染，又高能的能源。"聚变能"也就是受控热核反应。

核聚变能是未来最理想的新能源，是当代能源研究中的重大科研课题。估计通过 10 ～ 20 年，这项研究即可走出实验室达到应用

阶段，它将为人类提供电力。

聚变能的原材料是锂。天然锂中含有两个同位素，一个为锂－6，另一个为锂－7，它们都容易被能量大的中子轰击而产生"裂变"，同时产生另一种物质氚。氘化锂－6及氚化锂－6就是产生氘—氚热核聚变反应的固体原料。这种热核反应以瞬间爆炸出现，释放出巨大的能量，这就是大家所熟知的氢弹爆炸。氘化锂－6就是氢弹爆炸的炸药。1千克氘化锂的爆炸力相当于5万吨TNT。

这种热核聚变的巨大能量能否加以人工控制释放出来为人类造福呢？近几十年来，世界各国科学家深入研究，已取得初步成果，受控热核反应堆的出现，就是一例。

从目前研究进展看，主要是实现热核聚变的条件较困难，它要求把1亿度高温的等离子体约束在1秒钟左右，那样热核反应就可以开始并自行维持下去。如何能在人工控制下，约束这漫长的1秒钟呢？世界各国加紧这一课题的研究。

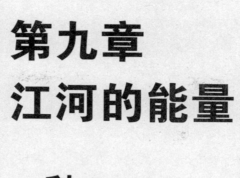

第九章
江河的能量

利用水能发电在 20 世纪才真正得到了广泛的应用。

水力发电是利用水体不同部位的势能之差，它跟落差和流量的乘积成正比，即落差越大，河流的流量越大，水能就越大。

中国地势西高东低，许多河流的落差很大，蕴藏着丰富的水能。

水能资源

据估计，地球上的水总量大约有 13.8 亿立方千米。绝大部分分布在海洋之中，少部分分布在陆地上，而陆地上的水，有一部分分布在江河湖泊中，另一部分分布在地下岩层中。

自然界里的水总是处在变化之中的，海洋和陆地上的水蒸发到大气中，再形成雨或雪落回大地，滋养万物，补充河流、湖泊或注入大海，同时水还会渗入地下，汇入地下蓄水层。

水在地球上的流动和分配有三种方式：一是随大气流动而流动，二是随海水的洋流而流动，三是随陆地河流而流动。

地球上成千上万条川流不息的江河，为人类提供了丰富的水力资源。人类很早就利用江水冲动水轮机打谷、碾米。目前，水力是仅次于石油、天然气、煤炭的主要能源。根据联合国发表的资料表明，水力发电在全世界发电量中占 23%。

一般把江河中的水流所蕴藏着的巨大能量称为水能，或叫水力资源。构成江河水能的基本要素主要有两个，即流量和落差。

　　全世界水能资源蕴藏量极其丰富，估计在 50 亿千瓦以上。经济可用的水能资源每年可发电 44.3 万亿千瓦·时。如能全部开发，可满足当前世界能源总需要量的 1/7。据统计，目前世界各国已建水电站装机容量为 4 亿千瓦，年发电量 4 亿千瓦·时，开发利用程度为 17% 左右。

世界水能分布

地球上的水能资源，根据世界能源会议统计资料，总的理论蕴藏量约34.69万亿千瓦·时/年，可开发水能资源为13.97万亿千瓦·时以上。所以，可以说全世界的水能资源既是丰富的，又是有限的。

世界水能资源的地理分布是不均匀的。根据降水量的多少，世界上水能资源比较丰富的地区，主要分布在三个地带：亚洲、非洲和拉丁美洲的赤道地带、东亚和南亚的山麓迎风地带、中纬度的大陆西岸地带。

世界各大洲的水能资源也是不平衡的。按目前可能开发的资源估算，以亚洲最多，约占世界的36%；其次是非洲、拉丁美洲和北美洲，以大洋洲最少，仅

占世界的 2%。按人口平均每人占有的水能资源，则以大洋洲最多，欧洲最少。

从国家来看，中国、俄罗斯、美国、加拿大、巴西和扎伊尔，合计约占世界水能资源的半数以上。其中，中国是世界上水能资源最多的国家。

可开发的水能资源

水能资源作为水力学的一个概念，分为理论水能蕴藏量、技术可开发水能资源和经济可开发水能资源三种级别。理论水能蕴藏

量是指河川的全部天然流量、全部落差和水能利用效率100%的水能蕴藏量。

按可开发水能资源的多少排列，中国的长江流域水能资源最多，其流域面积为180万平方千米，占全国总面积的19%，由于降水量较大，年径流量达9560亿立方米，占全国水流量的35%，长江干支流落差很大，全流域可开发装机容量达2.27万万千瓦，年发电量1.1万亿千瓦·时，占全国总电量的50%以上。长江流域一些支流的水能资源比较多，如岷江流域和雅砻江流域的可开发水能资源甚至与黄河流域不相上下。

世界上至今开发最多的是巴拉那河流域，已开发水电装机容量5140万千瓦，年发电量2264亿千瓦·时。开发利用率最高的是哥伦比亚河。一般来说，在降水丰富、地形崎岖的地区，水能资源蕴藏量较大；而降水较少、地势平坦的地区，水能资源则比较贫乏。

水电开发的特点

人们开发河流的水能，主要用于发电，称为水电。水能发电是通过水轮机把水流的位能转化为机械能，再带动发电机输出电能。

由于水循环的不断进行，虽然水的数量在一定空间范围内是有限的，但是水能却是能够再生的能源。

水力发电的生产成本低廉。水力发电利用天然河流中的水能，不消耗水量，无须购买、运输和储存燃料，同时省去除尘、除硫等设备的费用，所以水电的生产成本比火电低得多。

水电站的水库可以综合利用。除发电供给能源以外，水库还有防洪、农业灌溉、航运、供水、养殖水产、改善环境、发展旅游等综合利用功能。合理分摊投资，可进一步降低水电的成本。

水电站和抽水蓄能电站的动态效益较大。水轮发电机组起停灵活，增减出力快，出力可变幅度大，水库中或多或少

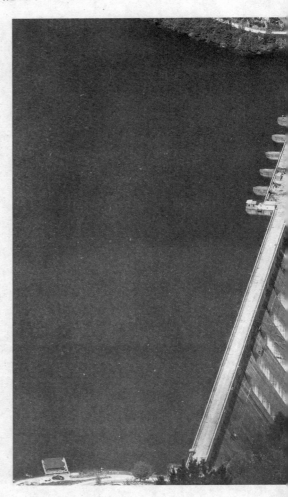

的蓄能，是水、火、核联合供电系统中理想的调峰、调频、调相和备用电源。

水能还是一种洁净的能源。现代化的水电站，环境比较洁净，没有污染，机械化和自动化的水平较高，便于管理。

当然，开发水能，建设水电站，必须修建水库，筑坝拦水，大多要淹没农田和迁移居民。同时水电站布局上比煤电站较多地受到地形、地质、水文等自然条件的制约。